L'EAU

DES

FONTAINES PUBLIQUES

DE

GANNAT

PAR

Félix MÉTÉNIER

PHARMACIEN

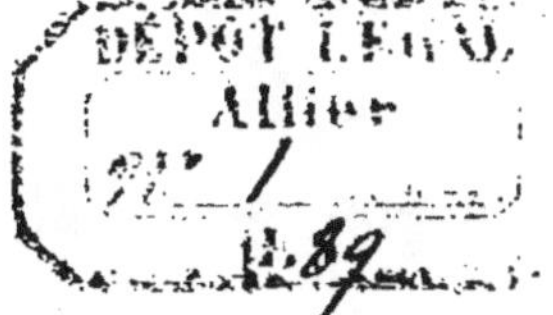

GANNAT

IMPRIMERIE F. MARION, GRANDE-RUE.

—

1888

L'EAU

DES

FONTAINES PUBLIQUES

DE

GANNAT

PAR

Félix MÉTÉNIER

PHARMACIEN

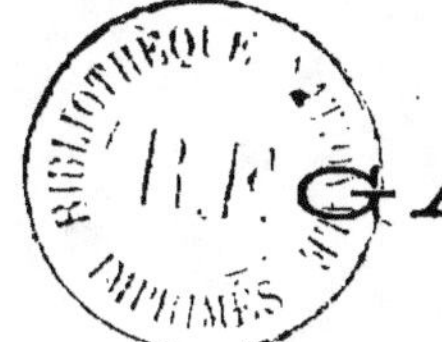

GANNAT

IMPRIMERIE F. MARION, GRANDE-RUE.

1888

L'EAU

DES

FONTAINES PUBLIQUES

DE

GANNAT

Aquam salubrem aeri quam simillimam
asse opartet.

PLINE *(Histoire naturelle)*.

Il y a une question qui a beaucoup préoccupé les hygiénistes : c'est celle des eaux potables. Question intéressante, car l'eau joue un grand rôle dans l'alimentation de l'homme.

Pour ressembler aussi exactement que possible à l'air, ou, en d'autres termes, pour jouir de la propriété d'être potable, quelles conditions doit donc offrir l'eau ?

La réponse nous est fournie par *l'Annuaire*

des eaux de France qui lui assigne les caractères suivants :

« Une eau peut être considérée comme bonne et potable quand elle est fraîche, limpide, sans odeur ; quand sa saveur est très faible, qu'elle n'est surtout ni désagréable, ni fade, ni salée, ni douceâtre ; quand elle contient peu de matières étrangères ; quand elle renferme suffisamment d'air en dissolution ; quand elle dissout le savon sans former de grumeaux, et qu'elle cuit bien les légumes. »

L'eau des fontaines publiques de Gannat, dont les qualités hygiéniques ont si souvent été mises en doute, réunit-elle tous ces caractères ?

Examinons :

1° *L'eau doit être limpide.* — D'une limpidité sinon absolue du moins suffisante ordinairement, notre eau entraîne parfois des matières terreuses qui la salissent.

Dire qu'elle est devenue nuisible à la santé,

c'est aller trop loin ; mais on ne peut nier qu'elle est repoussante, et celà explique pourquoi beaucoup de personnes la rejettent de la consommation.

Limus aquarum vitum est, dit Pline.

2º *Incolore*. — Toutes les fois qu'elle arrive limpide elle est incolore.

On doit attribuer aux matériaux en suspension dans la masse la teinte légèrement jaunâtre que présente l'eau trouble.

3º *Inodore*. — Cette qualité essentielle ne fait jamais défaut.

Même après un mois de conservation en vase clos, l'eau ne contracte pas d'odeur appréciable.

4º *Fraîche*. — De 8º à 15º. La température d'une eau qui circule et séjourne dans des tuyaux placés à une faible distance de la surface du sol ne saurait osciller entre 8º et 15º ; elle tendra nécessairement à s'équilibrer avec celle de l'atmosphère.

Un court séjour à la cave lui rendrait la température que nous aimons à rencontrer dans l'eau destinée à la boisson.

5° *D'une saveur légère et agréable.* — Je glisserai sur cette proposition.

De ce côté l'eau de nos fontaines est à l'abri de tout soupçon.

6° *Aérée.* — De 25 à 50 c. c. de gaz.

La somme des gaz qu'elle renferme en dissolution atteint presque cinquante centimètres cubes ; c'est-à-dire qu'elle est largement aérée.

L'analyse nous fera connaître la proportion de chacun des éléments de l'air, oxygène, azote et acide carbonique.

7° *Exempte le plus possible de matières organiques.* — De toutes les substances qui altèrent la pureté de l'eau, les matières organiques sont sans contredit les plus dangereuses; aussi leur recherche est-elle d'une extrême importance pour l'appréciation d'une eau potable.

L'Annuaire des eaux de France ne fixant pas la quantité que peut en contenir une eau salubre, j'admets avec Kubel la limite de trois centigrammes par litre, et je suis autorisé à regarder la nôtre comme irréprochable à ce point de vue, puisque l'analyse ne révèle que huit milligrammes de ces matières.

8° *Elle doit contenir une petite quantité de matières salines en dissolution.* — La constitution chimique de l'eau varie suivant la nature des terrains qu'elle a traversés. C'est ce que Pline exprimait ainsi : « *tales sunt aquœ, qualis est terra per quam fluunt.* »

Vient-on à la soumettre à l'évaporation, on obtient un résidu qui, desséché convenablement à la température de 120 degrés, représente la totalité des matières fixes qu'elle tenait en dissolution.

En ce qui concerne l'eau potable, leur proportion ne doit pas dépasser un demi-millième, soit cinquante centigrammes par litre. Tous les hygiénistes sont d'accord sur ce point.

Mais ces matières doivent être en grande partie formées de carbonate de chaux, le sulfate de cette terre alcaline ne devant, dans aucun cas, atteindre quinze centigrammes.

Les sels de magnésie à l'état de traces, la silice à la dose de quelques centigrammes y sont tolérés, parce qu'ils sont réputés sans inconvénients.

Il en est de même du chlorure de sodium, qui en petite quantité est plutôt utile que nuisible.

Or, l'eau sur laquelle portent nos recherches abandonne un résidu pesant quarante-et-un centigrammes et correspondent, en nombres ronds, à quarante centigrammes de substances salines, déduction faite du poids des matières organiques. Cette quantité est tout-à-fait normale.

Disons, en passant, que le carbonate de

chaux, corps à peu près insoluble, est tenu en dissolution dans l'eau à la faveur de l'acide carbonique en excès ; de là le nom de bicarbonate de chaux sous lequel nous le trouverons désigné plus loin.

9° *Elle doit cuire les légumes en les ramollissant, dissoudre le savon.* — Je n'apprendrai rien aux ménagères qu'elles ne sachent mieux que moi en disant que lorsqu'on cuit les légumes (pois, haricots, lentilles) dans une eau très calcaire ils ne s'y ramollissent point.

La raison en est que la légumine qu'ils renferment, en s'unissant à la chaux, donne naissance à un composé insoluble et imperméable qui les recouvre et s'oppose à l'action de l'eau bouillante. Rien de semblable ne se produit avec notre eau.

On sait de quelle manière elle se comporte vis-à-vis du savon.

Voici maintenant les résultats qu'à donnés l'analyse :

Analyse de l'eau des fontaines publiques de Gannat prise à la borne-fontaine de la rue du Four-Banal, le 4 août 1888.

F. MÉTÉNIER *fecit*.

Gaz en dissolution par litre (1) . .   48 c. c., 6

    Composés de :

Acide carbonique . . . . . .   27 c. c., 4
Oxygène . . . . (6   4
Azote   14   8
Résidu sec à 120° . . . . . .   0 gr. 410

    Composé de :

Sulfate de chaux . . . . . .   0 gr. 058
Carbonate de chaux.   0   275
   »   de magnésie.   0   017
Chlorure de sodium.   0   017
Silice   0   019
Matière organiques   0   008
Azotates, substances non dosées et
   pertes à l'analyse.   0   016

(1) Ces gaz sont calculés à l'état de siccité, à la température de 0 et à la pression normale de 760 milimètres.

De cette étude il résulte que l'eau des fontaines de Gannat a une grande ressemblance avec l'air pur et qu'elle convient à tous les usages journaliers du ménage : boisson, cuisson de légumes, blanchissage, etc. J'ajoute qu'elle est préférable à celle de la plupart des puits que la proximité de nos habitations, souvent des fosses d'aisances, expose aux infiltrations les plus nuisibles.

Le seul reproche fondé qu'on puisse lui faire, c'est de n'avoir pas toujours la limpidité désirable. Faut-il pour cette raison la rejeter ? Assurément non ! Qu'on la filtre : dès lors elle sera irréprochable.

Les fontaines filtrantes employées dans les ménages parisiens sont fort commodes et donnent d'excellents résultats.

Je ne me dissimule pas que parmi ceux qui se sont interdit l'usage de cette eau, sous prétexte qu'elle est trop calcaire, il en est qui hésiteront à revenir sur leur détermination. Je n'ose leur dire avec Dupasquier que le bicarbonate de chaux, agissant à la façon du bicarbonate de soude (Sel de Vichy), facilite le travail de la digestion. Je préfère me réclamer de trois noms, bien connus dans la science. Pour MM. Boussingault, Lefort et Wurtz, le bicarbonate de chaux est un élément indispensable de l'eau potable, parce qu'il fournit à l'organisme le calcaire dont il a besoin pour le développement et la nutrition du système osseux.

Ai-je besoin d'ajouter que l'état hygiénique absolument normal de la population de Gannat est un sûr garant de la bonne qualité de l'eau qu'elle boit?